LE SYSTÊME

DES

NOUVELLES MESURES

DE LA RÉPUBLIQUE FRANÇAISE,

MIS A LA PORTÉE DE TOUT LE MONDE ;

Et sa NOMENCLATURE restreinte aux seize *mots génériques du décret, réduits eux-mêmes à* cinq *mots primitifs, qu'il suffit de connaître pour entendre les* onze *autres.*

On y propose de remettre le *Gramme* (unité fondamentale des Mesures de pesanteur) à la place que l'analogie et les besoins du commerce lui commandaient d'occuper.

PAR le C.en AUBRY, géometre et libraire.

3e. ÉDITION.

On a placé à la suite de cet ouvrage, plusieurs écrits qui ont précédé et suivi le *rapport* demandé sur cet objet par le Directoire exécutif.

A PARIS,

CHEZ L'AUTEUR, quai des Augustins, n°. 42.

Floréal, an VI de la République.

31086

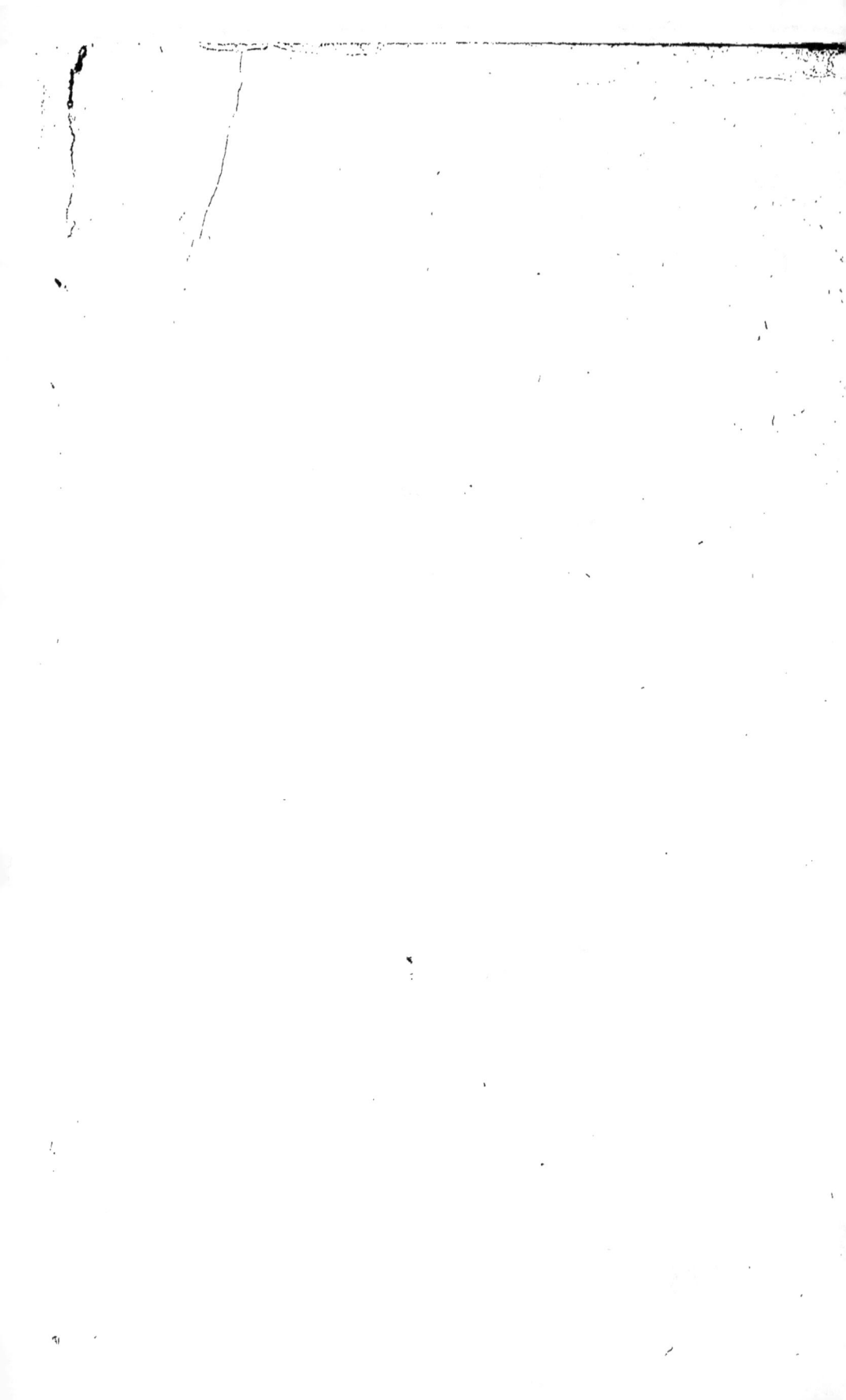

PRÉFACE.

CE que c'est que l'amour-propre ! comme il déshonore les plus grands talens ! comme il rappetisse les hommes les plus élevés, les plus dignes de l'estime ! L'utilité générale ne les touche même pas. Ils ont beau voir l'opinion se prononcer contre eux, ils ne se départent point de leurs idées..... *J'ai fait ceci*, disent-ils, donc c'est bon.... *Il a fait cela*, donc c'est mauvais : de-là les moyens mis par eux en usage pour esquiver des rapports demandés, et pour ne pas prononcer le nom de ceux qui leur sont recommandés, crainte de leur donner trop de publicité, trop de renom.

Pour moi, je ne pense point ainsi ; quoique j'aie été plus loin que celui qui a imaginé la nouvelle nomenclature des mesures républicaines (puisque j'en ai fait connaître les défauts), ce sera une véritable jouissance pour moi de rendre hommage à son inventeur. Je dirai donc que le nom de PRIEUR DE LA CÔTE-D'OR ne mourra jamais, pour avoir substitué dans la nomenclature des nouvelles mesures de la république française, les noms méthodiques *déca*, *hecto*, *kilo*, *myria*, *déci*, *centi*, *milli* (il a oublié le *mono*), à des mots mieux faits sans doute, puisqu'ils étaient de la composition des hommes les plus savans de l'Europe, mais isolés, et ne présentant aucune liaison, aucuns rapports entr'eux ; et quoiqu'il ait dédaigné de parler de mon *Comparateur* dans son rapport du 25 germinal an 6, nonobstant qu'il en ait été fait le plus grand éloge à la tribune, que le corps législatif ait chargé la commission de lui en rendre compte (1), et que le public s'empresse journellement de se le procurer ; je n'en rendrai pas moins justice aux talens de ce

_____

(1) Voyez le Journal de Paris, le Moniteur, et généralement tous les journaux qui ont rendu compte de la séance du 1er. ventôse an 6.

représentant, qui, par la maniere ingénieuse dont il a composé cette nomenclature, a opéré une véritable révolution
dans le *systéme métrique*, et l'a rendu digne
de devenir celui de l'univers. C'est donc à
lui seul que le citoyen Prieur a fait tort,
en me traitant avec quelqu'injustice, et
non à moi, que le public impartial dédom-
mage dans ce moment-ci avec usure des
innombrables travaux que j'ai fait pour le
servir, et qui dois trouver dans les encou-
ragemens qu'il me donne tous les moyens
de perfectionner mon propre travail. Ainsi
donc, tout ce qui pourra m'acquitter envers cet homme sera soigneusement observé de ma part.

Mais, me dira-t-on, il faut qu'il t'ait
absolument rendu d'autres services, pour
que tu lui rendes un hommage aussi écla-
tant; il a sûremént concouru d'une maniere particuliere à ton bien-être; il s'est
sûrement servi de son crédit pour te faire
obtenir du gouvernement les encourage-
mens qui t'étaient si nécessaires; il t'a

sûrement aidé de ses conseils ; il a sûrement parlé avec intérêt de tes ouvrages ;
il t'a sûrement donné des témoignages
non suspects d'estime ?.... Rien de tout
cela, encore une fois : je suis même à recevoir de lui des égards qu'on ne refuse
ordinairement à personne (1). Mais il a
imaginé, comme je l'ai dit, son ingénieuse
nomenclature ; il ne m'en faut pas davantage pour en conserver dans mon cœur le
souvenir, puisque c'est à cette estimable
production que je dois tous les travaux
que j'ai mis au jour, et l'accueil ditingué
que le public veut bien y faire aujour-
d'hui.

---

(1) Je lui ai écrit trois ou quatre lettres,
qu'il a laissées sans réponse.

AVANT-PROPOS.

LA raison est-elle toujours du côté de la science ? Si cela est, j'ai évidemment tort ; car je n'ai jamais sçu ni *grec*, ni *algebre*, ni *sections coniques*, et je n'ai reçu qu'un gros bon-sens, ennemi de toute espece de subtilités métaphysiques, sur-tout quand on les employe pour déguiser l'amour-propre dont on est atteint. Mais si, en ignorant les hautes sciences, on peut avoir quelque peu de logique et faire des comparaisons passables, alors je pense d'une maniere différente : je me dis à moi-même, *je pourrai gagner, comme je pourrai perdre ;* ainsi risquons le combat ; aussi-bien il s'agit de la gloire et de l'intérêt de mon pays : en pareille circonstance, on ne recule pas ; la défaite est même honorable en vue du motif. J'attaque donc ici mes adversaires avec des armes dont tous les spectateurs pourront mesurer la longueur et le calibre.

Qu'ils en fassent autant de leur côté ; c'est toute la grace que je leur demande : dussent-ils se croire des *myrias*, et me traiter en chétif *mono*.

———

LE

LE SYSTÈME

DES NOUVELLES

MESURES

DE LA RÉPUBLIQUE FRANÇAISE,

Mis à la portée de tout le monde, et sa nomenclature restreinte aux seize mots génériques du décret, réduits eux-mêmes à cinq mots primitifs qu'il suffit de connaître pour entendre les onze autres.

On y propose de remettre le *gramme* (unité fondamentale des mesures de pesanteurs), à la place que l'analogie et les besoins du peuple lui commandaient d'occuper.

Par le citoyen AUBRY, géomètre.

Dans l'introduction de la première édition de cet ouvrage (que je transcris ici toute entière, parce qu'elle est très courte), voici ce que je disais :

Et moi aussi, je suis géomètre ; et moi aussi, je veux un système uniforme de poids et mesures ; mais je le veux clair,

A

simple, méthodique et tel qu'il puisse à-la-fois déterminer le diamètre du cheveu le plus fin, et la distance de l'étoile la plus éloignée.

Quoi! le comité d'instruction aurait conçu le plus superbe plan, le plus admirable système, et nous n'oserions pas franchir, pour son application, la cime des Alpes, ni les mers qui nous baignent! Quoi! il aurait pris son type dans la grandeur de la terre, et ce ne serait que pour mesurer quelques aunes de ruban, quelques pintes de liqueurs et quelques boisseaux de grains!

Sans doute, il ne faut pas faire venir le diamètre de Saturne, là où il ne s'agit que de l'aunage d'un jupon; mais il ne faut pas non plus que la même mesure qui a servi à toiser ma chambre, serve à déterminer la distance d'HERSCHELL et l'intervalle des anneaux du Ciron (1).

Où serait notre intelligence, si elle se bornait à nos besoins les plus ordinaires, et si nous ne prévoyons pas ce qui peut être utile à d'autres hommes, à d'autres peuples, dans d'autres tems, dans d'autres lieux?

Ne voudrions-nous faire, par hasard, que des pintes ou des mesures de poche, quand nous sommes appelés à mettre dans nos mains le microscope observateur et le compas d'Uranie?

Si nos brillantes destinées nous font un devoir de donner à l'Europe l'exemple de toutes les vertus, combien ne nous en font-elles pas un, de lui donner celui de tous les talens et de toutes les perfections!

Ah sans doute! l'un n'est pas aussi facile que l'autre; mais, quand il est prouvé que la médiocrité seule se refuse aux avis de l'expérience et du raisonnement, on est bientôt assuré que le génie s'y prêtera de lui-même, et qu'il n'y aura qu'un pas à faire de l'erreur à la vérité, et de l'écart au redressement.

Il était difficile, comme on voit, d'exprimer d'une manière plus claire le besoin que nous avons de réformer encore une fois notre système métrique, et d'en faire un établis-

(1) On a découvert, par le moyen du microscope, que le corps du Ciron était composé de douze anneaux.

sement digne de passer à la postérité la plus reculée.

Comme cependant cela pourrait porter ombrage à certaines gens qui ne manqueraient pas de crier à la violation de la constitution, je renonce pour le moment à l'extension que je voulais donner à ce systême; et, semblable à Galilée, qui préféra de se rétracter, plutôt que d'animer contre lui la *meute des bassets* de son tems, (observé cependant que je ne me rétracte pas, mais que je retire purement et simplement ma motion, jusqu'au tems où elle pourra reparaître) je ne franchis, pour l'application de notre nouveau systême, *ni la cîme des Alpes, ni les mers qui nous baignent*, et je me borne tout simplement à faire des *pintes et des mesures de poche*, laissant à nos amateurs de chiffres le plaisir d'en faire à perte de vue, et de se plonger voluptueusement dans l'océan des *quatrillions*, des *quintillions*, des *sextillions*, des *septillions*, etc. et autres profondeurs mathématiques.

Je me réduis donc à démontrer que la *nomenclature du nouveau systême des mesures est trop scientifique et trop compliquée* pour pouvoir se flatter de la faire adopter parmi le peuple, qu'un décret ne rend pas savant; et qu'en *déplaçant le gramme, on a commis une des plus grandes fautes dont l'esprit humain puisse être capable.*

Et comme ce ne sont pas les longues phrases qui rendent un traité plus clair ou plus intelligible , 'j'entre sur-le-champ en discussion.

§. Ier.

La nomenclature du systême est trop scientifique , trop compliquée.

Que ce soit à des savans de la première classe que nous devions le magnifique sys-tême des mesures, ou que ce soit à des hommes obscurs, je ne vois pas ce que les noms peuvent faire à la chose.

L'important est de savoir si ce qu'ils ont proposé est exécutable ; une fois la chose re-connue , le reste est assez indifférent.

A quoi servirait , en effet, le nom du cé-lèbre Newton, apposé à un ouvrage, si ce qu'il avait dit était une absurdité ?

Croit-on que les réputations fassent quel-que chose sur l'esprit du peuple, quand il est question de la commodité ou de l'incom-modité de ses usages ? C'est bon quand elles ne touchent point à son intérêt personnel , et qu'il peut se livrer à ses goûts et à ses penchans ; mais, quand il y va d'une étude au-dessus de son entendement, quand ce qu'on exige de lui absorbe péniblement son attention , il laisse là les réputations, et il se livre à celui qui lui a épargné le plus de peines et le plus d'efforts.

Qu'ont fait nos savans qui nous ont donné la seconde nomenclature du systême des mesures? Ils ont oublié que, faite pour la classe ignorante, il était assez inutile qu'ils allassent chercher dans les langues de *Virgile* et d'*Homère* des noms qui exprimassent une *chopine de vin*, un quarteron *de beurre* et un litron de *haricots*.

Eh! qui ne sait pas que ces bonnes gens eussent préféré, sous bien des rapports, des mots simples et faciles à retenir, aux plus brillans dérivés, aux plus savantes étymologies.

Se sont-ils imaginés que c'était un décret qui ouvrirait la conception du vulgaire, et qui lui ferait retenir les soixante-douze mots et plus de la nouvelle nomenclature? Ceux qui l'affirmeraient ne pourraient être de bonne-foi.

On obtient bien du peuple un changement de mœurs ou d'habitudes; mais ce n'est jamais qu'avec la plus grande peine que l'on parvient à réformer son langage.

Cependant, comme la nouvelle nomenclature est fixée par des décrets, il faut bien se garder d'y toucher.

Mais voici ce qu'il faut faire:

Considérer que telle étoffe que l'on aune, tel chemin que l'on toise, tel champ que l'on arpente, telle mesure que l'on cube, tel vaisseau que l'on jauge, tel volume que l'on pèse, tel bois que l'on corde, telle marchandise que l'on compte, telle somme d'argent que l'on acquitte, on ne fait jamais que MÈTRER, c'est-à-dire, appliquer l'unité primitive, le

Mono (1), à des objets qu'il s'agit de comparer entr'eux, et dont on a besoin de connaître les différens rapports.

Et comme, en vendant un *mono* d'étoffe, on sait que l'on ne vend ni un *mono* de terre, ni un *mono* de vin, ni un *mono* de bled, ni un *mono* de sucre, ni enfin un *mono* de bois de chauffage, on doit sentir par-là combien il est inutile d'ajouter le mot qualificatif de la marchandise que l'on achète, puisque celui qui l'a demandé est là qui ne s'oppose pas à la délivrance qu'on lui en fait.

Or, si le mot *mono* a pu tenir lieu du mot *mètre*, en fait de marchandises que l'on *aune*; du mot *are*, en fait de terrein que l'on concède; du mot *stère*, en fait de bois que l'on *corde*; du mot *litre*, en fait de liquide ou de grains que l'on *mesure*, et du mot *gramme*, en fait d'objets de ménage que l'on *pèse*, qu'est-ce qui empêche les mots *déca* et *déci* de tenir lieu,

Dans le 1er. cas, des mots DÉCAMÈTRE et DÉCIMÈTRE ;
Dans le 2e., des mots DÉCAARE et DÉCIARE;
Dans le 3e., des mots DÉCASTÈRE et DÉCISTÈRE ?
Dans le 4e., des mots DÉCALITRE et DÉCILITRE ;
Dans le 5e., des mots DÉCAGRAMME et DÉCIGRAMME;

Qu'est-ce qui empêchera également qu'on ne dise :

Un *hecto*, un *kilo* ou un *demi-kilo* de

---

(1) Puisque l'on dit MONOLOGUE, MONOSYLLABE, MONOTONE, pourquoi ne se serviroit-on pas aussi bien du mot MONO, pour exprimer L'UNITÉ FONDAMENTALE des mesures, que l'analogie demandait aussi, ayant tiré du grec ses MULTIPLES.

chemin, au lieu d'un *hectomètre*, d'un *kilo-mètre* de chemin?

Un *hecto*, un *kilo* ou un *demi-kilo* de terre, en place d'un *hectare*, d'un *kilo-are* et d'un *demi-kilo-are* de terre.

Un *hecto*, un *kilo* ou un *demi-kilo* de vin ou de bled, en place d'un *hecto-litre*, d'un *kilolitre* et d'un *demi-kilolitre de vin ou de bled.*

Enfin un *hecto*, un *kilo* ou un *demi-kilo* de savon, en place d'un *hectogramme*, d'un *kilogramme* ou d'un *demi-kilogramme* de savon?

Et puisque je suis en train de simplifier et d'abréger, pourquoi, au lieu de dire, un *double hectogramme*, et un *demi hecto-gramme*, un *double décalitre* et un *demi décalitre*, un *double mètre* et un *demi mètre*, un *double décilitre* et un *demi décilitre*, (mots qui ne finissent pas pour la longueur, et qui sont pour le moins aussi difficiles à retenir qu'à ne pas confondre); pourquoi, dis-je, ne dirait-on pas plutôt un *double hecto*, un *demi hecto*, un *double déca*, un *demi déca*, un *double mono*, un *demi mono*, un *double déci*, un *demi déci*; et pour abréger davantage, — un *bis hecto*, qu'on pourrait appeler *beeton* (1), et un *mi-hecto*, qu'on pourrait appeler *meetin*; un *bi-déca* et un *mi-déca*, un *bimon* et un *mimar*, un *bici* et un *mici*?

Pourquoi aller toujours, en effet, nous em-barrasser de ces terminaisons en *mètre*, en *are*,

---

(1) Voyez mon Instruction élémentaire.

en *litre*, en *stère* et en *gramme*, qui ne font qu'allonger inutilement les mots, sans leur donner plus de valeur.

A-t-on peur que le cabaretier ne donne un *mono* de velours (c'est-à-dire un *mètre*), à celui qui lui demandera un *mono* de vin (c'est-à-dire un *litre*)?

Craint-on qu'un épicier ne donne un *double mono*, (*bimon*) de camelot, c'est-à-dire, un *double mètre*, à celui qui lui demandera un *double mono*, (*bimon*) d'huile, c'est-à-dire, un *double gramme*?   •

Croit-on enfin qu'un apothicaire donnera un *double déci*, (*bici*) de ruban, c'est-à-dire, un *double décimètre*, à celui qui lui demandera un *double déci*, (*bici*) de manne, c'est-à-dire, un *double décigramme*?

L'objection en serait même pitoyable ; et si je la fais, ce n'est que pour en faire connaître tout le ridicule, et pour que personne ne soit tenté de la produire.

On aurait, par exemple, raison de se plaindre de moi, si je défendais de joindre les mots *mètre*, *are*, *stère*, *litre* et *gramme* à leurs antécédens, et si je ne laissais pas la liberté entière de dire, quand on voudra, un *kilomètre*, un *hectare*, un *décalitre*, un *hectogramme* ; mais je suis bien éloigné de m'y opposer, puisque j'ai placé ces différens noms dans le tableau que l'on voit à la fin ; et que, si je propose de les supprimer, ce n'est que pour faire adopter le langage si utile des *sous-entendus* pratiqué de tout tems et dans toutes les langues, et qui serait d'au-

tant

tant plus utile ici, qu'en évitant de prononcer des mots très-longs et très-difficiles à retenir, on serait sûr de déjouer par-là les malveillans, qui, forcés de rendre justice à l'excellence du système, ne pourraient pas l'attaquer du côté de la nomenclature, dont ils exagèrent les difficultés avec une affectation aussi ridicule que coupable.

En effet, si l'on réfléchit bien sur la réduction que je propose, on verra qu'elle se compose des huit mots génériques qui suivent, savoir :

L'unité fondamentale appelée	M O N O.

Ses multiples appelés	Déca, dix fois le *Mono*. Hecto, cent fois le *Mono*. Kilo, mille fois le *Mono*. Myria, dix mille fois le *Mono*.

Et ses sous multiples appelés	Déci, dixième du *Mono*. Centi, centième du *Mono*. Milli, millième du *Mono*.

Et si, au moyen des mots *bi* et *mi*, dont je les fais précéder, j'en compose d'autres mots qui désignent le *double et la moitié* de chacune, certainement on ne pourra que m'applaudir d'avoir simplifié la nouvelle nomenclature, et de l'avoir même mise à la portée des plus simples.

Car en l'examinant bien attentivement, on verra clairement (ainsi que je l'ai exprimé dans le cours de cet ouvrage) qu'elle se réduit aux cinq mots primitifs qui suivent,

B

et qu'il suffit de les connaître pour entendre les onze autres.

En effet , voici les cinq mots primitifs :

LE MYRIA.
LE KILO.
L'HECTO.
LE DÉCA.
LE MONO.

qui , comme on le voit, concourent bien certainement à la formation des onze autres , puisque , quand on connaît l'*hecto* , on connaît nécessairement *le double* et *le demi-hecto* ; quand c'est le *déca* , on connaît de même *le double* et *le demi-déca* ; et enfin quand c'est le *mono* , il ne doit exister nulle part une tête assez dure pour ne pas concevoir que le *déci* en est la dixième partie , le *centi* la centième partie, et le *milli* la millième partie ; de même qu'il faut l'avoir encore bien rebelle, pour ne pas concevoir que le *déca* vaut dix fois le *mono* , l'*hecto* cent fois le *mono* , le *kilo* mille fois le *mono* , et le *myria* dix mille fois le *mono*.

D'où l'on peut conclure que les nouveaux noms des mesures à l'usage habituel du peuple, sont réellement réduits à SEIZE , et que c'est avoir efficacement concouru à faire goûter le nouveau systême des mesures, que de l'avoir débarrassé de ses mots scientifiques , et d'en avoir réduit l'étude aux plus simples élémens.

§. I I.

En déplaçant le gramme, *on a commis une des grandes fautes dont l'esprit humain puisse être capable.*

Quand, dans le nouveau système des mesures, on fait attention que l'unité fondamentale de celles appelées *linéaires* est une règle de trois pieds et quelque chose de long, qui, appliquée un petit nombre de fois sur une étoffe, sur de la toile, sur du ruban, nous procure tout ce dont nous pouvons avoir besoin de vêtemens et de parure pendant le cours d'une année ; (1) — que l'unité fondamentale des mesures de *surface* est un quarré de terrein d'environ 2 perches, mesure de roi, qui, répété également un petit nombre de fois, nous procure notre subsistance individuelle pendant le même espace de tems ; (2) — et qu'enfin l'unité fondamentale des mesures de *capacité* est un vase qui, rempli soit de liquide, soit de matières sèches, satisfait à nos besoins de plus d'un jour ; (3)

_____

(1) En effet, quatre à cinq mètres d'étoffe peuvent nous fournir un habit complet, trois à quatre mètres de toile, une chemise, etc.

(2) Il est prouvé qu'il ne faut l'un dans l'autre à chaque individu pour subsister, qu'une étendue de trois arpens mesure de roi, c'est-à-dire 150 fois environ l'unité des surfaces.

(3) On peut dire qu'en général une pinte de vin nous suffit par jour, et qu'un litron de légumes secs (c'est à-peu-près la valeur du litre) est tout autant qu'il en faut, par jour, pour la la nourriture de deux ou trois personnes.

On se demande comment on a pu composer l'unité fondamentale, des mesures de *pesanteur* d'un volume tellement léger, qu'il faille le répéter plusieurs milliers de fois par jour, pour subsister, où pour l'employer à nos besoins divers.

Comment ! je ne puis penser à me procurer le moindre objet de nourriture, sans être obligé d'y employer 5 à 6 cents grammes ! Et chaque fois qu'il faut que je mette ce qu'on appelle le *pot-au-feu*, il faut que je demande à la boucherie plusieurs milliers de grammes de viandes et des autres denrées en proportion !

Comment ! il me faut pour la provision de mon ménage, pendant le cours d'une année, 3 à 4 millions de grammes de pain, 8 à 900 mille grammes de viande, 50 à 60 mille grammes de beurre, 30 à 40 mille grammes de sel, 4 à 500 mille grammes de fruits, etc., etc. !

Comment ! on me force de retenir qu'un muids de bled de Paris pèse 14 à 15 cent mille grammes, qu'une voiture attelée de trois bons chevaux, peut traîner 4 millions et plus de grammes ; que le traitement de nos députés est fondé sur la valeur de 30 millions de grammes de bled ; que celui des membres du directoire exécutif l'est sur une de 500 millions, et enfin que, si on voulait évaluer les produits de l'agriculture en grammes, il faudrait des chiffres à l'infini pour l'exprimer !

Eh ! pourquoi nous embarrasser de tous ces millions et de tous ces milliards de gram-

mes, qui ne font que multiplier les êtres sans
nécessité, sans cause légitime ?

Entendons-nous dire à ce marchand de vin
qui a 400 muids de 300 pintes dans ses caves :
J'ai 12 millions de millièmes de pintes de
vin (1) ?

Entendons-nous dire à cet épicier qui a 3
milliers de sucre : J'ai 27 millions 648 mille
onces de sucre ?

Entendons-nous dire à ce fabriquant de
draps qui en a 6000 aunes dans ses magasins :
J'ai 3 millions 168 mille lignes d'étoffe !

Je conviens qu'en faisant du *kilogramme* une
unité d'usage, on fait disparaître ces milliards
de grammes qui embrouillent si fort la tête
et qui en obscurcissent si considérablement
la région ; mais l'idée en reste-t-elle moins
attachée au mot *gramme*, qui, dans le prin-
cipe, est toujours la pesanteur de 19 *grains*,
c'est-à-dire, celle d'un assez petit clou ; et
quand on sait que le *kilometre* signifie invariablement *mille mètres*, c'est-à-dire, mille
fois une longueur de 3 pieds 11 lignes et demie, autrement une longueur d'un quart de
lieue ; le *kiloare*, invariablement *mille ares*,
c'est - à - dire, mille fois une surface de 2
perches environ de roi, autrement une surface d'environ 20 arpens de roi ; et le *kilolitre*
invariablement *mille litres*, c'est-à-dire mille
fois un vase contenant une pinte un ving-

(1) Si le mot ᴘɪɴᴛᴇ exprimait par lui-même ᴍɪʟʟᴇ ᴏʙᴊᴇᴛs,
il est clair que 400 muids de 300 pintes feraient 12000 fois mille
objets, c'est-à-dire 12 millions d'objets.

tième, autrement la plus forte des *Busses*; peut-on s'empêcher d'être étonné de voir dans un *kilogramme* mille fois un *gramme*, c'est-à-dire, mille fois une chose qui ne pèse que 19 grains, mille fois un petit clou?

Ah! sans doute, l'idée ne peut se détacher du mot, l'étymologie nous y ramène sans cesse, et nous croyons toujours voir des *millions* et des *milliards*, là où nous ne devrions voir que des centaines, et des milliers.

Quelle différence, si le *gramme* eût occupé sa véritable place sous le nom de *grave*, ainsi que la commission temporaire le lui avait donné; c'est-à-dire qu'il eût été le *litre*, autrement le *décimetre cube*, rempli d'eau, autrement, encore le *kilogramme* d'aujourd'hui!

Comme on eût été flatté de ce rapprochement! comme on eût trouvé cette idée simple! comme elle eût été saisie et entendue par tout le monde!

Un grave de pain devenait alors la nourriture journalière de l'homme; un grave de viande celle de trois ou quatre jours; un grave d'huile, celle de quelques mois; un grave de poivre, celle de toute l'année; et si c'était le tems des fruits, un grave suffisait au-delà des besoins de la journée.

Venaient ensuite les provisions.

En voulait-on une petite? on avait le *décagrave* qui valait à-peu-près 20 livres.

En voulait-on une plus forte? on avait le *double décagrave*, qui valait à-peu-près 40 livres.

En voulait-on enfin pour trois mois, pour
six mois, pour un an ? on avait le *demi hec-
tograve*, qui valait le *quintal*, l'*hecto-
grave*, qui en valait deux, le *demi-kilo-
grave*, qui en valait cinq, et quand on voulait aller jusqu'au *kilograve*, on avait alors
un' pesée, qui, par son importance, allait
de pair avec un *kilometre* d'étoffe, c'est - à -
dire, plus de 400 ann s ; avec un *kilo-are* de
terre, c'est-à-dire, plus de 20 arpens de roi,
et avec un *kilo-litre* de vin ou de grains,
c'est-à-dire, 5 pièces mesures de Mâcon, de
l'un, et plus de 6 setiers de grains, mesure
de Paris, de l'autre.

Ensorte qu'on ne manquait pas de mots,
comme aujourd'hui, pour exprimer un *quintal, un millier, dix milliers, cent milliers*,
et même un *million pesant*.

On n'était pas obligé d'employer de circon-
locution pour exprimer l'évaluation du traitement de nos représentans ni des membres
du directoire exécutif. (1)

On ne se perdait pas dans les *millions*,
dans les *milliards*, dans les *milliards de
milliards*.

Enfin, l'on n'avait pas la douleur de voir
le plus magnifique systême déshonoré, défi-
guré et disloqué au point, qu'en plaçant
l'unité usuelle des pesanteurs, c'est-à-dire,

_____

(1) On disait tout bonnement : « Le traitement de nos députés
» est de 30 mille graves, ou plutôt 30 kilo - graves, et celui
» des membres du directoire exécutif de 500 mille graves, ou
plutôt 500 kilo-graves.

le *kilogramme*, vis-à-vis l'unité usuelle des autres mesures, il en résulterait la plus choquante discordance que l'on ait jamais remarquée dans un ouvrage médité par les hommes les plus savans de l'Europe.

Mais heureusement que le correctif à appliquer est la chose la plus simple du monde, non-seulement pour remettre le *gramme* à sa véritable place, sans violer la constitution qui l'a consacré, mais encore pour substituer le mot *mono* aux six noms classificatifs des mesures, et réduire définitivement la nomenclature aux noms génériques du décret, ainsi que le projet en est placé à la page suivante.

Que tous les amis sincères des arts, des sciences, des belles découvertes, de leurs sages ordonnances, se joignent donc à moi pour obtenir du corps législatif le redressement d'une aussi grande erreur. Si jamais la régularité a dû être exigée, c'est dans un ouvrage destiné à fixer pour jamais les intérêts d'un grand peuple, et qui (comme l'a dit le comité d'instruction publique dans la séance du 11 ventôse, an 3, « par ses rapports moraux, politiques, industriels et » administratifs, en même tems que par son » influence sur les sciences exactes, sur l'avancement des lumières générales, et sur » les habitudes de la société entière, doit » être considéré comme étant d'une grande » importance pour la république, et méritant par conséquent de fixer l'attention « universelle. »

Projet

Projet de décret définitif tendant à réduire la nomenclature des nouvelles mesures Républicaines aux seize *mots génériques de la loi précédemment rendue sur cette matière, et à remettre le* gramme *à la place que l'analogie et les besoins du commerce lui ordonnaient d'occuper.*

ARTICLE PREMIER.

Le mot MONO est ajouté à la nomenclature des nouvelles mesures pour en exprimer les six unités fondamentales, et les remplacer dans le cas où on ne voudrait pas s'en servir.

II. Cette nomenclature est réduite aux *seize* mots génériques qui suivent.

Le Myria.	Le demi Deca.
Le Kilo.	Le double Mono.
Le demi Kilo.	Le Mono.
Le double Hecto.	Le demi Mono.
L'Hecto.	Le double Deci.
Le demi Hecto.	Le Deci.
Le double Deca.	Le Centi.
Le Deca.	Le Milli.

III. Attendu que la constitution a fixé l'unité fondamentale des mesures de pesanteur, autrement le MONO, au millième du poids de l'eau contenue dans un DÉCIMÈTRE *cube*, tandis que l'analogie et les besoins du commerce demandaient que ce fut ce même poids d'eau qui servit de MONO; il est établi pour l'usage du commerce une *seconde unité fondamentale*, sous le nom de grave précédem-

C

ment employé, qui sera le poids de l'eau contenue dans le DECI-*cube*, ci-dessus correspondant en tout au MONO, et de laquelle émaneront tous ses multiples et sous-multiples.

IV. Cette seconde nomenclature des mesures de pesanteur sera appelée *nomenclature du commerce*, à la différence de la première qui sera conservée sous le nom de *nomenclature constitutionnelle*.

V. Et comme, dans les mesures de pesanteur, il faut descendre jusqu'aux plus petits poids, ce qui ne pourrait avoir lieu, si, comme pour les autres classes de mesure, il fallait s'arrêter au MILLI, il est créé spécialement pour cet objet une série de poids légers, laquelle portera les noms suivans :

DECIMI, pour désigner le dix millième du MONO.

CENTIMI, pour désigner le cent millième.

Et MILLIONI, pour désigner le millionième.

VI. Le tableau général des mesures, tel qu'il vient d'être définitivement fixé, sera annexé au présent décret, et il sera publié des instructions qui serviront à en faire connaître l'usage.

VII. Le directoire exécutif, aussitôt la promulgation du présent décret, sera tenu de le mettre incontinent à exécution dans toute l'étendue de la république française.

————————————

N. B. Quoique j'aie annoncé au commencement de cet ouvrage que j'avais retiré de ma première édition la partie qui tend à l'ap-

pliquer aux hautes sciences, on ne sera peut-
être pas fâché néanmoins de savoir ce que j'ai
dit à ce sujet; je vais donc le transcrire ici mot
pour mot. Ce sera le troisième paragraphe.

§ I I I.

Du peu d'étendue donné au systême, relati-
vement aux hautes sciences.

Que dirions-nous d'un homme qui serait
propriétaire de deux cents muids de bled, et
qui, au lieu de le désigner de cette manière,
dirait :

J'ai 9 *millions* 216 *mille onces de froment.*

Ne dirions-nous pas qu'il s'est servi d'une
échelle beaucoup trop petite pour exprimer
cette quantité ?

Eh bien ! c'est-là la faute que l'on a com-
mise, en fixant la plus grande mesure au
myria, c'est-à-dire, à 10 mille fois le *mètre*,
10 mille fois l'*are*, 10 mille fois le *litre*, et
10 mille fois le *gramme*, c'est-à-dire, encore,
en fixant à deux lieues courantes environ la
plus grande *mesure linéaire*, à 20 arpens la
plus grande *mesure de surface*, à 1350 toises
cubes environ, la plus grande *mesure de solidité*, et à 20 livres et demie poids de marc
environ, la plus grande *mesure de pesanteur*.

Nous voulons évidemment par-là que l'on
dise qu'il y a 150 millions de *myriamètres* du
soleil à *Saturne* et 300 millions du même *astre*
à *Herschel.*

Nous voulons que l'on dise que la terre contient 360,000,000 de *myriare*, et le soleil 3,650,000,000 (1).

Nous voulons que l'on dise que la terre contient 4,916,200,000,000,000,000 *myria* cubes, et le soleil une quantité si effrayante de cette même mesure qu'il faille 25 à 30 zéros après les chiffres caractéristiques pour les désigner.

Enfin nous voulons qu'une moyenne charge exige pour l'exprimer des milliers et même des millions de *myriagramme*, et que, comme pour la capacité du soleil, on soit réduit à la presqu'impossibilité d'évaluer non pas seulement sa pesanteur, mais celle du plus petit globe.

Eh! qu'avons-nous besoin de tous ces milliards, et même de tous ces milliards de milliards de *myria*, quand cinq ou six noms bien simples, bien méthodiques, ajoutés au système, nous font toucher sans effort aux deux infinis, et nous présentent toujours des mesures proportionnelles à la grandeur et à la petitesse des objets?

Quoi! nous aurions dans notre langue le mot MILLION, qui signifie mille fois mille, et le mot MILLIARD, qui signifie *mille millions*; et nous qui venons si analogiquement de substituer le *kilo* au mot *mille*, pour désigner mille fois *l'unité*, mille fois le *mono*,

---

(1) Je déclare que je n'ai pas voulu me donner la peine de faire ces calculs d'une manière exacte, mais seulement faire sentir l'inconvénient des grands nombres.

nous n'oserions pas, par imitation, appeler KILON le million d'unité, KYLAR le milliard d'unité, et qualifier même de MAXI (dérivé de *maximus*) les mille milliards d'unité qui seraient la plus grande de toutes les mesures ?

Quoi, nous qui appelons *kilomètre*, *kilo-are*, *kilolitre*, *kilogramme*, les mesures qui expriment *mille mètres*, *mille ares*, *mille litres*, *mille grammes*; de même que *décimètre*, *déciare*, *décilitre*, *décigramme*, *centimètre*, *centiare*, etc. etc. celles qui sont la dixième et la centième partie de ces mesures, nous refuserions d'entendre par les mots *maxi*, *kilar*, *kilon*, *décimi*, *centimi*, *millioni*, ajoutés à la *nomenclature* (dans le dessein d'étendre le système aux hautes sciences,) nous refuserions, dis-je, d'entendre par ces mots ceux qui suivent, (et que néanmoins nous ne prononcerions pas,) en mesures linéaires, *maximètre*, *kilomètre*, *décimimètre*, *centimimètre*, *millionimètre* : en mesure de surface, *maxiare*, *kilarare*, *kilonare*, *décimiare*, *centimiare*, *millioniare* : en mesure de capacité, *maxilitre*, *kilarlitre*, *kilonlitre*, *décimilitre*, *centimilitre*, *millionilitre* : et en mesure de pesanteur, *maxigramme*, *kilargramme*, *kilongramme*, *décimigramme*, *centimigramme*, *millionigramme*?

Et depuis quand serions-nous devenus si timides, si peu entreprenans! serait-ce depuis que les *Descartes*, les *Newton*, les *Leibnitz*, les l'*Hôpital*, les *Buffon*, les *Lalande*, et tant d'autres hommes justement célèbres ont reculé les limites de notre entendement, et nous ont ouvert les routes de la nature ?

Une semblable pensée n'entrera jamais dans mon âme.

Je conçois bien comment une grande idée a pu échapper à de grands géomètres; mais je ne conçois pas comment ils pourraient la rejeter après qu'on leur en aurait démontré l'utilité.

Le tems de brûler ses livres de dépit de rencontrer quelqu'un qui nous apprenne quelque chose, est passé; on n'est plus maintenant avide que de savoir ; et le nom de la bonne femme qui faisait un lit de cendre dans sa main pour y tenir un charbon ardent, serait inscrit à côté de ceux de nos plus célèbres académiciens.

Le bon sens nous prescrit donc d'établir autant de sortes de mètres qu'il y a de sortes d'objets.

Voyez les anciennes mesures linéaires, (et c'est voir en cela toutes les autres) elles étaient proportionnées à la grandeur des objets.

On avait la *ligne* pour mesurer les plus petits ouvrages, tels que ceux de l'horlogerie :

Le *pouce*, pour mesurer la hauteur et la largeur d'un tableau :

Le *pied*, pour mesurer une table :

L'*aune*, pour mesurer une étoffe :

La *toise*, pour mesurer un bâtiment :

La *perche*, pour mesurer un champ :

La *lieue*, pour mesurer ou du moins désigner la distance d'une ville à une autre :

Enfin le *dégré du méridien* pour déterminer les grandes distances.

On n'allait pas il est vrai plus haut ; mais
étaient-ce des savans qui avaient combiné ce
systême ? s'étaient-ils réunis pour le combi-
ner ? avaient-ils pris leur type dans la grandeur de la terre ? en avaient-ils formé une
véritable unité fondamentale, applicable à
toutes les autres mesures ?... Non..., c'était
tout bonnement une routine qui s'était établie
à la longue, et le gros bon sens qui en appli-
quait l'usage.

Mais aujourd'hui, dirons-nous que ce n'est
qu'au gros bon sens que nous sommes rede-
vables du nouveau systême des mesures ?

Toutes les combinaisons n'ont-elles pas été
faites par les savans consultés à ce sujet ?

Toutes les précautions n'ont-elles pas été
prises par eux ?

Tous les moyens n'ont-ils pas été mis en
usage ?

Pourquoi cependant un plan si resserré, si
mesquin, si déhanché ?

Ah ! le voici ; parce que, dans une réunion
de savans, ce n'est pas toujours les plus instruits ni les plus éclairés que l'on consulte et
dont on suit les avis ; ils disent bien leurs sentimens avec modestie, ils proposent bien
leurs moyens avec simplicité et douceur ;
mais vous avez là ordinairement des hommes
tout hérissés de grec, tout bardés de latin,
au verbe haut et tranchant, à l'encolure pé-
dante, au regard ombrageux, qui s'emparent
de l'opération, qui s'en appliquent toute la

gloire et qui (ceci est le plus déplorable) laissent des traces de leur ineptie, pour faire voir qu'ils y ont touché.

Qu'il me soit permis de leur demander s'il n'était pas infiniment plus agréable d'avoir à déterminer la distance du soleil à Herschel en *maxi* ou *kilar*, c'est-à-dire, (si l'on veut joindre leur qualification particulière) en *maximètre* et en *kilarmètre* qu'en *myriamètres* qui ne valent que dix mille mètres et qui ne sont que des atômes auprès des énormes distances dont il s'agit.

Je leur demande également si la surface et la solidité du soleil ne seraient pas mieux exprimées de la même manière, c'est-à-dire, en *maxi-ares* et en *kilares-cubes*, qu'en *myriares* et *myria-stères*, qui ne sont de même que des points imperceptibles.

Je leur demande enfin si les grandes mesures de pesanteur, telles que celles de notre globe et des planettes qui l'environnent, (supposé toute fois que l'on veuille en donner une idée, car les hommes instruits ne tenteront sûrement rien davantage) ne seront pas mieux évaluées en *maxigrammes* qu'en *myriagrammes*.

Combien de chiffres épargnés par là !
Combien de circonlocutions évitées !
Quelle netteté de méthode !
Quelle simplicité de moyens !

Et qu'est-ce qui aura présenté tous ces avantages? Les noms *Maxi, Kilar, Kilon, Hekilo, Décimi, Centimi* et *Millioni*, tous

pris

pris du décret qui établit définitivement les poids et mesures, et auxquels je n'ai fait qu'ajouter quelques lettres pour leur donner la signification convenable.

Ah! si je propose de grandes choses, on conviendra au moins que je n'occasionne pas de grands frais, mais voilà ce que c'est que de travailler sur d'excellens matériaux, et de n'avoir qu'à restituer aux sciences, un chef-d'œuvre qu'elles ont formé, et au bon goût une forme élégante qu'il réclame.

LETTRE du citoyen Aubry, géomètre et libraire, au représentant du peuple Prieur (de la Côte-d'Or), sur la nécessité de restreindre la nomenclature *des nouvelles mesures à seize mots, et de mettre le* gramme *à la place du* kilogramme.

On a beau m'assurer, C. R. que jamais vous ne vous départirez du système des mesures tel que vous en avez proposé le décret à la convention, et qu'il a été rendu; je ne vous adresserai pas moins mes observations particulières. Il faut bien, quand vous passez à mes yeux pour avoir conçu la plus magnifique idée, que vous m'entendiez, quand j'offre de vous démontrer que *vous n'en avez pas tiré tout le parti possible.* Je ne vous demande que de me pardonner le désordre de ma lettre.

D

Vos motifs pour donner des noms classificatifs aux mesures, ainsi que pour substituer le *gramme* de 19 grains à celui de 2 livres
6 gros, ont été sans doute des plus purs ;
car bien certainement il doit venir à l'idée
de tout homme instruit, de donner des
noms aux choses qu'il établit, et de faire
que ces choses s'appliquent autant que possible à nos besoins divers.

Mais pourquoi faut-il, malheureusement,
que vous ayez négligé de soumettre votre
opération à un plan général, et de prendre
l'équerre et le compas, qui fônt toujours
opérer d'une manière si exacte.

Je suis de bonne-foi; je conviens, pour
ma part, que, jusques à la confection de
mon tableau, je trouvais votre système admirable dans toutes ses parties, et que je
vous applaudissais bien sincèrement d'avoir
établi des noms classificatifs qui remplaçaient
méthodiquement les anciens, et d'avoir
trouvé un moyen de descendre aux plus petits poids, par le déplacement du *gramme*.
Mais je ne vous dissimulerai pas, en même
tems, que je ne me fus pas plutôt apperçu que
les mêmes mots classificatifs pouvaient être
avantageusement remplacés par les mots génériques du système, et qu'en se servant des
mots *décimi*, *centimi* et *millioni* pour descendre aux plus petits poids, on conservait
en même tems tous les noms de ce même
système pour monter jusqu'aux plus gros,
je ne pus m'empêcher de voir avec peine
une aussi brillante conception manquée net,
et tombée dans la classe des choses les plus ordinaires.

Car enfin, me disais-je sur la nomenclature, à quoi me sert de dire un *décalitre* de vin, un *hectolitre* de bled, un *myriamètre* de chemin, un *kilogramme* de savon, quand le nom de chacun de ces objets, placé à la fin de ces différentes mesures, m'indique suffisamment l'espèce de celles dont je dois me servir ; et quand, en disant un *déca* de vin, un *hecto* de bled, un *myria* de chemin, un *kilo* de savon, je suis assuré d'être aussi bien entendu que si j'avais ajouté les mots classificatifs..

Je conviens que l'on n'a jamais fait servir nulle part le même mot à désigner *six choses différentes* ; mais reste à savoir si ce sont réellement des choses différentes que j'ai à désigner, ou si ces six choses ne sont réelment qu'un seul et même objet.

Il est hors de doute que, si nous ne nous servions pas de mots absolument nouveaux pour désigner les nouvelles mesures, il n'y aurait rien de plus ridicule, par exemple, que de dire une *aune* de vin, une *toise* de bled, une *voie* de beurre, un *litron* d'étoffe, un *arpent* de sucre, une *livre* de chemin et une *chopine* de bois. Mais que devons-nous considérer ici ? Que nous créons un système absolument neuf, dégagé de routine, et qu'en étendant le mot *mesure* à tout ce qui a besoin d'être comparé, nous ne faisons qu'user du droit de tous les réformateurs, qui ont toujours supprimé ce qui leur paraissait inutile ou vicieux.

Que voyez-vous, en effet, dans une *aune*, dans une *toise*, dans une *perche*, dans une *pinte*, dans un *litron*, dans une *livre* et dans une *voie*, si ce n'est toujours une *mesure*, et par conséquent un objet unique qui, s'appliquant indistinctement à tout, peut et doit porter nécessairement le même nom ?

C'est donc à dire que, l'ancien édifice ayant cinq portes de trop, il faut les rétablir dans celui que nous proposons de construire, nonobstant leur inutilité ! Eh bien, je ne partage aucunement cet avis. Tout ce qui est inutile ne doit jamais trouver place nulle part : et du moment que je puis voir la même chose dans six choses différentes, je dis que je n'ai plus besoin que d'un seul mot pour l'exprimer.

Que me fait le nom de l'objet, quand l'action qui en est le résultat se fait encore bien plus remarquer dans mon entendement, et quand l'idée de son application est sans cesse présente à mon esprit ?

Je voudrais bien savoir si le cheval qui, dans un embranchement de chemins, a pris celui de *Gonesse*, ou qui s'est arrêté tout court au *Lion d'or*, s'est dit à lui-même, en faisant ces deux choses : prenons le chemin de *Gonesse*, et arrêtons-nous au *Lion d'or* ?

Comment ! nous voyons un animal qui n'a aucune idée du langage, se conduire d'une manière aussi conséquente, et agir avec un tel discernement, et nous aurions peur que des hommes, qui ont de l'intelligence et du raisonnement, ne confondissent une mesure de longueur avec une de liquide, une de pesanteur avec une de surface, uniquement parce qu'elles porteraient le même nom ?

Eh bien ! je ne partagerai pas encore cet avis avec ceux qui semblent y avoir attaché une sorte d'amour-propre.

J'aurai le courage de croire mes concitoyens pour le moins aussi intelligens que des chevaux, qui reconnaissent leur chemin et leur auberge; des chiens, la demeure de leur maître; des oisons, leur basse-cour; et des hibous, leur nid. Et quand je leur demanderai, soit une mesure d'étoffe, soit une mesure de vin, soit une mesure de sucre, je prétends que, dans le premier cas, ils n'iront pas me chercher une pinte, dans le second, une aune, et dans le troisième, une membrure, sur-tout quand je leur aurai appris que la mesure de longueur est un bâton de 3 pieds 11 lignes, la mesure de capacité à liquide, une pinte et un 20e. de Paris, et une mesure de pesanteur, le poids de l'eau distilée contenue dans cette nouvelle pinte.

En sorte que ceux qui, dans l'intention de me couvrir de ridicule, me diront bien niaisement qu'on ne dit *ni un litron d'étoffe, ni une chopine de bois*, ni aucune autre gentillesse de ce genre, en seront pour leurs peines, et recevront pour toute réponse de ma part, que personne n'a non plus besoin des mots *mètre, are, stère, litre* et *gramme*, pour savoir que du *vin* n'est pas de la *viande*, du *bled* n'est pas de la *toile*, et du *bois* n'est pas du *sucre*.

Je sais que le *mono* n'a pas trouvé grace devant les partisans des *six noms*, et que peu s'en faut qu'ils ne croient la république en danger parce que j'en propose l'admission. Mais pourquoi faut-il qu'ils ne soient pas d'accord avec eux-mêmes ? Comment ! ils ont la bonne-foi de convenir avec moi que, dans les multiples et sous-multiples de la mesure principale, le peuple finira nécessairement par s'en tenir *à la première partie des noms, qui indique leur rapport à cette même mesure* (vu l'inutilité absolue de sa seconde partie); et ils ne veulent pas un prénom de la même nature à cette même unité fondamentale, pour tenir également lieu de ces mots, quand ils seront supprimés ! Oh, pour le coup, cette *monophobie* doit paraître bien étrange à ceux qui entendent le mécanisme des langues ; car enfin, ils doivent se faire le dilême suivant :

Ou les six mots sont absolument indispensables, alors ils ne disparaîtront pas de la langue ; ou ils sont absolument inutiles, alors ils en disparaîtront.

S'ils sont indispensables ; quoique nous pourrions en quelque sorte avoir besoin du *mono* pour dire un *monomètre*, un *monolitre*, un *monogramme*, comme nous disons un *décamètre*, un *décalitre*, un *décagramme*, j'aurai cependant le courage d'abandonner cet *enfant de mes idées*, et de consentir à ce qu'il soit rayé du catalogue ; car mes affections paternelles ne vont pas jusqu'à me rendre sourd à la voix de la raison , et je suis le premier à retrancher le superflu de ce que je produis , dès qu'on m'en fait reconnaître la nécessité.

S'ils sont inutiles , il nous faut absolument le *mono* , ou tel autre nom que ce soit , n'eût-il aucun rapport à la nomenclature ; car alors nous ne saurons plus comment appeler cette unité fondamentale. Nous dirons donc à notre épicier , donnez-moi *trois unités fondamentales* de beurre fondu , et une *demie unité fondamentale* de fromage de Hollande ? Nous dirons donc à notre marchand de vin , j'ai besoin de *deux unités fondamentales* de vin de Bourgogne , et de *trois unités fondamentales* de vin de Champagne?

Je conviens que quand je dis , par exemple, que les dimensions du *mono* de capacité sont de *tant* de *monos* ou de *tant* de fractions du *mono* , j'ai une sorte de besoin d'ajouter quelque chose pour indiquer que c'est du *mono* de longueur dont je parle , et non du *mono* de surface , ni du *mono* de solididé , qui entrent, comme le *mono* de longueur , dans la formation du *mono* de capacité. Mais pourquoi ne joindrions-nous pas alors à cette indication du *mono* , la lettre L , qui nous ferait voir à l'instant que ce serait du *mono* linéaire ou de longueur , dont nous parlons, et non des autres? N'avions-nous pas également, dans notre ancien système, la *toise linéaire* , *la toise quarrée et la toise cube* , qui nous faisaient user de cette dis-

tinction, et qui ne nous présentaient pas
pour cela plus d'obscurité ? Eh bien ! agis-
sons de même ; je ne vois pas ce qui peut
empêcher qu'une chose qui nous a toujours
utilement servi, ne continue de nous servir encore ? Si c'est le mot en lui-même qui
révolte, qu'on le change.

Quant à moi, voici ce que je pense de
ce mot ; c'est que la loi aura beau le frap-
per, il restera toujours dans la langue,
comme mot élémentaire, comme mot essentiel à l'instruction : et ils ne seront pas
politiques, ceux qui le proscriront ; car ils
oublieront que l'opinion est plus forte que
la loi, en fait de langage, et que la grande
science du Gouvernement est d'éviter toute
espèce de choc avec ce formidable adver-
saire, quand le succès peut être douteux.

Ce qui précède, avec ce que j'ai déjà dit
dans ma brochure imprimée, est sans doute
suffisant pour vous faire voir, citoyen représentant, qu'il y avait quelque chose à dire
contre votre nomenclature.

Passons maintenant à votre imperceptible
gramme.

Tout le monde sait que, si vous avez pris
le poids de l'eau distilée contenue dans un
centi cube pour unité fondamentale des mesures de pesanteur, au lieu d'avoir pris celui
de la même eau contenue dans un *deci*, c'est
que vous vouliez arriver, par ce moyen, aux
plus petits poids ; mais ce que tout le monde
ne sait peut-être pas, c'est qu'en prenant ce
parti, vous avez vraiment déshonoré votre
propre

propre système , vous en avez détruit le plus intéressant , vous en avez rompu l'harmonie.

Comment! vous établissez que le *deci cube* sera l'unité fondamentale des mesures de capacité , fondé sur ce que de tout tems un volume à-peu-près égal en a toujours servi , et vous ne profitez pas du rapport admirable que vous présente l'eau distilée contenne dans cette même unité, pour lier les mesures de pesanteur à celles de capacité, et faire que par ce moyen toutes les unités du système soient correspondantes entr'elles ?

Mais vous n'avez donc pas craint de ressembler à cet homme, qui, pour couvrir ses pieds, a laissé tout le reste de son corps à découvert ?

Encore si c'était là le seul inconvénient, on en serait dédommagé par le plaisir de voir un superbe modèle, et il paraîtrait même d'autant plus beau, que ses formes, dégagées de toute espèce de draperies, nous laisserait appercevoir la nature dans ses plus belles proportions.

Mais le malheur; c'est que d'un géant vous en avez fait un nain.

Vous avez bien présenté cinq magnifiques colosses, sur le front et les pieds desquels vous avez écrit, en caractères ineffaçables, les mots *myria* et *milli ;* mais parce que le sixième avait besoin de noms qui indiquassent un ordre inférieur de choses, vous avez préféré l'accord de la partie basse à celui de la partie haute, et d'un individu en tout sem-

E

blable à ceux dont il est le frère et l'égal ,
vous en avez fait un être cacochime et hors
de toute proportion avec l'ensemble ; ensorte
que, comme je viens de le dire, vous avez
rompu le plus bel équilibre, la plus savante
harmonie qu'on ait jamais remarqué dans un
systême usuel, et vous avez fait comme celui
qui, d'un attelage de six chevaux supérieur-
rement enharnachés, en aurait retiré impitoyablement un, pour lui substituer un cheval
petit, maigre, décharné, et couvert d'un
harnois sale et dégoûtant.

Quelle différence, citoyen représentant !
si vous eussiez employé les trois petits mots
decimi , centimi et *millioni*, de mon tableau ?

D'abord , rien ne nous empêche de les établir pour les cinq autres classes de mesures ;
car je ne vois pas pourquoi les savans, qui
ont besoin de descendre souvent aux plus
petites fractions, ne diraient pas aussi bien
un *décimi*, un *centimi* et un *millioni* de longueur , un *décimi*, un *centimi* et un *millioni*
de surface, etc. qu'un *dix-millième* de mètre ,
un *cent-millième d'are*, un *millionième* de
stere, ou toute autre expression de ce genre,
ce qui ferait même évanouir la nouvelle dis-
proportion occasionnée par la descente de
la seule classe des mesures de pesanteur au
millioni.

Nous aurions ensuite nos six unités correspondantes entr'elles, qui formeraient un ensemble régulier que l'homme de goût se
plairait à contempler.

Enfin, *nous ne manquerions pas de termes pour exprimer les grosses pésées.*

Et à quoi devrions - nous cette dernière réforme ? A l'établissement pur et simple d'un *gramme commercial*, qui serait miltuple de celui précédemment décrété, et qui, servant exclusivement aux besoins du commerce, serait par cela même dispensé d'être appelé *commercial*, tandis que quand on voudrait se servir du *gramme légal*, on serait toujours obligé d'ajouter ce dernier mot (1).

Et on aurait voulu, citoyen représentant, que par égard pour le grand et éminent service que vous avez rendu au systême des mesures républicaines , en le composant d'élémens aussi simples, on eût cédé lâchement au devoir de vous dire que vous *n'en avez pas tiré tout le parti possible* !

Eh bien moi, qui attache la plus haute importance à l'idée ingénieuse de votre nomenclature, moi qui la considère comme le pivot essentiel du systême, moi qui ne vois un décret que dans la possibilité de l'exécuter, je ne souffrirai pas que l'on expose ainsi votre chef-d'œuvre au risque d'en perdre le fruit. On aura beau faire de vous un despote *qui a voulu une chose et qui saura la maintenir envers et contre tous* ; je ne verrai, moi, en vous, qu'un homme

_____

(1) Quand j'écrivis cette lettre à Prieur (de la Côte d'Or), je n'avais pas encore imaginé d'employer le mot *grave*, si expressif pour désigner le *gramme commercial*. Je renvoie donc , à ce sujet , à man *Instruction élémentaire.*

qui n'a pas connu tout le mérite de sa dé-
couverte , et qui n'est pas moins estimable
pour avoir cru indispensables six mots , qui
ne seraient que très-rarement utiles , supposé qu'on les employât , et avoir rangé l'u-
nité d'une mesure à une place plutôt qu'à
une autre ; que si , donnant à son plan l'essor
qu'il devait naturellement avoir , il l'eût présenté d'emblée avec toutes ses perfections ;
car le principal était d'en imaginer les bases.
Or , vous l'avez fait ; donc vous ne souffrirez
pas que ce qui est votre ouvrage tombe en dé-
fection ; donc vous écouterez celui qui sait
que la vérité plaît toujours à l'homme instruit ; donc ceux qui font de vous un être plein
d'amour-propre et d'orgueil , ou ne vous rendent pas la justice qui vous appartient , ou
vous supposent les sentimens dont il est possible qu'ils soient seuls animés.

Salut et respect.

A U B R Y ,

AU CORPS LÉGISLATIF.

CITOYENS REPRÉSENTANS,

Encore un nouvel effort que mon zele pour la superbe institution des mesures m'a fait entreprendre, et que le desir de voir promptement en vigueur les loix sur cette intéressante partie, m'a suggéré.

Moins ami de mon pays, je serais plus indifférent à ce qui se passe; mais sa gloire me touche, et je ne veux pas que quelques hommes y portent la moindre atteinte.

J'en reviendrai donc toujours à ma double question :

« Laissera-t-on subsister les 72 mots et plus
« de la nomenclature des mesures républicaines
« (ce qui rend plus que douteux le succès de son
« établissement); tandis qu'en la réduisant à
« *seize*, ou tout au plus à *dix-neuf*, on est
« assuré de la mettre à la portée de tout le
« monde;

« Et conservera-t-on à la *mince pesanteur*
« *de DIX-NEUF GRAINS* l'unité fondamentale
« des poids (ce qui oblige, pour les fortes
« pesées du commerce, à avoir recours à des
« circonlocutions gênantes); tandis qu'en lui

F

« assignant, sous le nom de grave, la place que
« l'analogie et les besoins du commerce lui com-
« mandaient d'occuper, non-seulement on faci-
« lite les opérations commerciales de tout genre,
« mais même *on restitue aux sciences un chef-*
« *d'œuvre qu'elles ont formé, et au bon goût*
« *une forme régulière qu'il réclame* ».

J'ajouterai seulement ici cette grande et importante vérité, *que des décrets ne rendent*
pas le peuple savant, et que si on ne veut
pas lui faciliter, par des moyens simples, la
transformation de ses mesures, il est bien à
craindre qu'elles n'éprouvent des difficultés
insurmontables.

Veuillez donc, citoyens représentans, en
agréant mes réflexions sur le rapport que votre
commission vous a fait (le 25 germinal dernier)
relativement aux nouvelles mesures, ordonner
de nouveau l'examen du COMPARATEUR, dont
j'ai l'honneur de vous présenter aujourd'hui la
2°. édition, considérablement augmentée.

Si je ne croyais pas ce dernier ouvrage digne
de vos regards sous tous les rapports, je ne vous
en occuperais pas pour la seconde fois; mais il
a fixé ceux du public éclairé, c'est dire que vous
ne souffrirez pas davantage qu'une commission
que vous avez chargée de l'examiner, garde à

son sujet le silence le plus absolu, quand, par ce moyen, *je réponds d'établir, sans aucune espece de frais, le langage des nouvelles mesures dans toute l'étendue de la république en moins de trois mois, et quand il ne vous faudra qu'un décret de quelques lignes* (1) *pour dispenser le trésor public des* FRAIS DE FABRICATION *que votre commission lui propose.*

Salut et respect.

A U B R Y ,

Géometre et Libraire , quai des Augustins, nº. 42.

Paris, ce 21 floréal, an 6 de la république.

(1) Ce décret pourrait être ainsi conçu : *Il est enjoint à tous administrateurs , officiers publics , fabricans , marchands et rédacteurs d'ouvrages littéraires quelconques de ne plus se servir, dans leurs registres , dans leurs comptoirs, dans leurs ouvrages littéraires , des anciennes dénominations, et de leur substituer les nouveaux noms , les nouvelles quantités, les nouvelles formules.*

REFUTATION

Du dernier Rapport de la commission des Mesures républicaines, fait au conseil des cinq-cents le 25 germinal an 6, par Prieur de la Côte-d'or.

Deux choses essentielles sont à réfuter dans le dernier rapport fait au conseil des cinq-cents le 26 germinal; la nomenclature des mesures, et leur fabrication.

Sur la nomenclature.

La commission dit « que cette nomenclature « n'est pas contraire au *génie* de notre langue, « ni ne blesse les *oreilles délicates*, quoiqu'em- « pruntant une partie de ses moyens d'idiômes « étrangers ».

Rien de plus vague, rien de plus insignifiant que cette phrase. Qu'est-ce qu'une nomen- clature *qui n'est pas contraire au génie de notre langue, ni ne blesse les oreilles déli- cates ?* De quel *génie* entend parler la com- mission? A quelles *oreilles délicates* prétend- elle s'adresser ?

Ne dirait-on pas que les habitans des cam- pagnes sont devenus subitement des littérateurs distingués, et les artisans des villes des acadé- miciens ?

Il est bien question vraiment de *génie* et d'*oreilles délicates*, quand c'est à la masse du peuple que l'on a affaire, et quand il n'a d'*oreilles* que pour les choses vraiment intelligibles qui se présentent à son esprit d'une manière claire.

De quoi s'agit-il tant ici ? de remplacer 72 *mots anciens* par 72 *mots nouveaux.* Eh bien ! la commission aura beau dire que les noms décrétés *sont peu nombreux*, ils n'en présenteront pas moins en totalité, dans leur *liaison méthodique*, une combinaison de 72 mots nouveaux, lesquels seront d'autant plus difficiles à retenir, qu'ils n'auront que 5 terminaisons différentes, et qu'ils se confondront toujours, comme nous avons vu sans cesse le *barometre* et le *thermometre* se confondre dans l'esprit du plus grand nombre.

Quoi ! encore une fois, vous voulez que l'on dise « un *décalitre* de vin, un *hectolitre* de bled, « un *myriametre* de chemin, un *kilogramme* « de savon (c'est-à-dire que l'on réunisse tou- « jours les noms classificatifs aux noms géné- « riques), quand le nom de chacune de ces mar- « chandises ou objets, placé à la fin de chacun « des noms génériques, m'indique suffisamment « l'espèce des mesures dont je dois me servir ; « et quand en disant un *déca* de vin, un *hecto* « de bled, un *myria* de chemin, un *kilo* de « savon, je suis assuré d'être aussi bien entendu « que si j'avais ajouté les mots classificatifs ! »

Mais pourquoi donc cette dureté d'oreilles qui n'est ordinaire que chez ceux qui font semblant de ne pas entendre ? Les sciences auraient-elles aussi leur jacobinisme, et n'y aurait-il absolument que ceux qui sont pourvus de certains emplois qui auraient le privilege exclusif de raisonner juste ?

Ah ! sans doute il ne faut pas écouter trop facilement tout le monde ; mais il ne faut pas non-plus rejetter les observations de ceux qui courrent une carrière pour la première fois, sous prétexte qu'ils sont sans réputation ; car il fut un temps aussi que *Newton*, *J.-J. Rousseau* et *Buonaparte* étaient des hommes sans réputation.

A Dieu ne plaise cependant qu'en faisant cette remarque je prétende m'accoller à des hommes aussi célèbres ; je n'en ai certainement pas la ridicule vanité : je suis et ne serai jamais qu'un homme très-ordinaire, qui seulement aura pu avoir raison dans une partie qu'il a méditée plus que personne, parce qu'elle était dans ses goûts. Ainsi point de mauvaise interprétation à cet égard, elle annoncerait des desseins coupables, et je n'ai, moi, que celui de servir ma patrie, et d'empêcher que l'amour-propre de quelques hommes ne compromette, comme je l'ai déjà dit plusieurs fois, la dignité du corps législatif et l'autorité du directoire.

Mais revenons à notre objet.

On voit que la commission cherche à s'étayer du suffrage des gens de lettres.

« Leur témoignage, dit-elle, peut être in-
« voqué sur ce point ».

Sans doute le suffrage des gens de lettres doit être précieux, et tout homme éclairé doit s'honorer de le recueillir ; mais reste à savoir si c'est ici le cas. Les choses sont toujours ce qu'elles doivent être. Un poëme, une production relevée de l'esprit, un problème de géométrie, doivent avoir l'approbation des savans,

et ne doivent même être approuvés que par eux ;
mais un ouvrage sur les *mesures* doit être entendu de tout le monde, et spécialement de ceux
qui n'ont aucune instruction, et qui forment,
comme on sait, la très-grande majorité du
peuple : or, c'était donc le suffrage de ceux-ci
qu'il fallait recueillir, et non celui de quelques
hommes instruits, pour qui les mots les plus
difficiles ne sont qu'un jeu, et qui n'approuvent
pas d'ailleurs unanimement la nouvelle nomenclature.

Mais, dit la commission : « Quand même les
« dénominations des mesures ne seraient pas
« également heureuses, il faudrait avoir quel-
« que chose de mieux à y substituer ».

Substituer quoi ? Une nouvelle nomenclature ?
Ce serait bon si la chose était nécessaire.....
mais si elle ne l'est pas, et sur-tout si je ne
le demande pas ; à quoi bon ces plaintes éter-
nelles que l'on fait contre mon système, qui
n'en est pas un, et qui même n'est autre chose
que celui de la commission, que j'arrange de
manière à ce que le peuple puisse plus facilement le comprendre. Pourquoi plutôt ne pas
faire attention à ce que je dis ? Que proposé-je ?
*De se servir des mots génériques du décret,
et de les* ISOLER SEULEMENT DES NOMS CLAS-
SIFICATIFS, TOUTES LES FOIS QU'IL N'EST
PAS NÉCESSAIRE DE LES EMPLOYER (1)....

___

(1) Je prie ces hommes à oreilles dures, qui font
semblant de ne pas m'entendre, de vouloir bien lire et
relire ces trois lignes jusqu'à ce qu'ils soient bien pé-
nétrés que je ne change pas un seul mot à la nomen-
ture décrétée, et même que je n'en altere aucun.

Est-ce

Est-ce là substituer des noms noûveaux ? Est-ce
les altérer , les changer , les défigurer ? n'est-ce
pas même les conserver dans toute leur inté-
grité ?

Et quand j'isolerais les noms génériques des
noms classificatifs, où en serait encore l'inconvénient ? N'ai je pas déjà répété dix fois que
quand on ne dit pas une aune *courante* d'étoffe,
un arpent *quarré* de terre, une toise *cube* de
maçonnerie, une pinte de *capacité* de vin, etc. ,
il était parfaitement inutile de joindre les mots
classificatifs des marchandises à leurs noms génériques, et de dire par exemple un *déca*mètre
de toile, un hecto-*are* deterre, un déca*stere*
de maçonnerie , et un kilo*litre* de vin , qui
n'expriment pas davantage que si on se fût con-
tenté de dire un *déca* de toile, un *hecto* de terre,
un *kilo* de vin , etc. ? Où serait sur-tout la confusion de semblables expressions, si elles con-
courrent à rendre les objets plus faciles à dis-
tinguer, et à répandre une méthode bien plus
simple, bien plus intelligible ? Ah ! si on veut
savoir où elle existe, cette confusion, c'est, ainsi
que je l'ai déjà dit, dans quinze mots terminés
en *metre* , dans neuf terminés en *are* , dans un
pareil nombre terminés en *stere* , dans vingt-
trois terminés en *litre* , et dans seize terminés
en *gramme*.

Car, quand on m'oblige de joindre le mot
classificatif au mot *générique* , il est bien possible, si je ne suis pas exercé à la nomenclature,
et si je ne suis pas ce qui s'appelle un savant,
de dire un *décalitre* de drap pour un *déca-*
metre, un *décagramme* de vin pour un *déca-*

G

litre, un *décastere* de sucre pour un *décagrave*, et un *hectometre* de terre pour un *hecto-are*, ce qui n'est pas une *propriété* tout-à-fait *si précieuse* que la commission voudrait bien le faire entendre, puisqu'il y a, comme on voit, une méprise continuelle à craindre ; tandis qu'en disant toujours un *déca*, un *hecto*, un *kilo*, un *myria*, et même un MONO, on est sûr de ne jamais se tromper, et de familiariser à ce langage les têtes les plus rebelles.

Mais, dira encore la commission, ce citoyen Aubry, qui vante tant ses travaux, a proposé lui-même *huit mots nouveaux*, et n'a pas craint de substituer une *surcharge réelle à une simplification annoncée*.

D'abord je n'ai proposé ces huit mots qu'avec une extrême circonspection, et en déclarant à diverses reprises que je n'y tenais en aucune maniere, comme je déclare n'y tenir encore aucunement aujourd'hui. Je n'ai fait ensuite que remplacer huit mots décrétés, avec les adjectifs *double* et *demi*, et les rendre extrêmement faciles à retenir. J'ai enfin usé du droit que tout citoyen a de proposer des réformes salutaires à des décrets rendus. Ainsi, la commission n'a rien à me reprocher de ce côté-là ; j'ai rempli au contraire un devoir sacré, celui d'avertir le corps législatif du danger qu'il y a à rebuter le peuple par une nomenclature au-dessus de ses moyens ; et en me livrant sans réserve aux travaux de l'instruction, j'ai fait voir que j'étais digne de figurer dans un rapport, quand mes ouvrages avaient fixé d'ailleurs l'attention du corps législatif, et qu'il avait ordonné à sa commission de lui en rendre compte.

Sur la fabrication.

Je suis bien fâché d'être obligé de le dire à la commission, mais c'est encore moi qui vais avoir raison contre elle dans cette matiere extrêmement importante, puisqu'il s'agit de mettre des fonds à la disposition d'une infinité de personnes, de leur accorder même des privileges exclusifs ; et que j'aurai dit à cet égard des choses assez justes, assez sensées.

Laissez faire, ai-je dit, *les menuisiers, les tonneliers, les boisseliers et les balanciers,* ET VOUS AUREZ BIENTÔT DES MESURES AU-DELA DE VOS BESOINS. Que pouvais-je dire, en effet, de plus raisonnable ? Ne serait-il pas étonnant qu'après que la loi a fixé leurs différentes longueurs, largeurs, hauteurs et profondeurs, il fallût que ce soit un agent intermédiaire qui vînt nous les construire ? A la bonne heure que le directoire soit chargé de veiller à ce qu'elles soient fabriquées convenablement, et de les vérifier quand elles seront faites, rien de plus juste ; mais vouloir qu'il n'y ait que ceux qui ont traité avec le gouvernement qui vendent les mesures qu'ils auront fabriquées, c'est ouvrir une porte au monopole, aux exactions, aux concussions de toute espece.

A quel sujet, d'ailleurs, ce privilege exclusif? Quoi! pour chosir les hommes les plus capables? Mais qui nous assurera que les choix que l'on fera seront meilleurs que ceux que nous ferions nous-mêmes ? Connaîtra-t-on parfaitement tous ceux qui sont en état de travailler à cette construction? Les fera-t-on concourir ? Se présente-

G 2

ront-ils même au concours ? N'avons-nous pas
cet adage de la plus grande vérité, que ceux qui
fuient les places, les emplois, sont presque toujours ceux qui en sont dignes ; tandis que ceux
qui se mettent sur les rangs sont presque toujours
ceux qui savent moins bien travailler ?

Et vous voudriez ainsi faire un choix d'hommes à votre dévotion, de *boisseliers* à votre
dévotion, de *tonneliers* à votre dévotion, de
balanciers à votre dévotion ? Nous ne serions
pas mal retombés dans les exclusions de l'ancien régime, et exposés à nous voir dépouil-
lés sans miséricorde du droit que nous avons
d'exercer telle profession que ce soit. Conve-
nons que la commission s'est un peu trop em-
pressée d'écouter sur cela les avis qui lui ont
été donnés, et que si elle y avait mûrement
réfléchi, elle aurait vu, comme je le dis très-
bien, que si l'on n'est pas obligé de choisir les
meilleurs laboureurs pour cultiver les champs,
les meilleurs charrons pour faire des roues,
les meilleurs taillandiers pour faire des outils,
il n'est pas nécessaire non-plus de choisir les
meilleurs menuisiers pour faire des mètres,
les *meilleurs boisseliers* pour faire des déca-
litres, les *meilleurs tonneliers* pour faire des
futailles, et les *meilleurs balanciers* pour faire
des mesures pondérales, puisque l'on aurait
le bureau de vérification qui serait là pour
briser impitoyablement toutes les mesures qui
ne seraient pas conformes à la loi, ou tout au
moins pour leur refuser le poinçon, sans lequel
ils ne pourraient les vendre à personne.

J'ai donc dit une chose très-juste, en disant

laissez faire les menuisiers, les boisseliers, etc. ; et la commission, en voulant établir des privileges exclusifs, a donc violé les droits du peuple, et proposé une injustice révoltante.

Et ces millions économisés par ce moyen infiniment simple, au profit de l'état ; ce n'est donc pas un avantage infiniment précieux dans une circonstance où nous avons tant besoin de les ménager ! ce n'est donc pas non-plus un moyen infiniment prompt d'activer la fabrication des mesures, que d'ouvrir à-là-fois tous les atteliers de la république, et d'y faire concourir le double intérêt des fabricans et de ceux qui seront obligés, par la loi (1), d'ordonner eux-mêmes cette fabrication !

Je conviens que la commission ne propose pas d'accorder 10 millions au directoire, ainsi qu'il en avait fait la demande au corps législatif le 13 messidor an 5 ; mais qu'est-ce que l'autoriser à *employer des objets mobiliers appartenans à la nation, les plus aisément disponibles,* si ce n'est lui donner plus de latitude encore ? A quel sujet, d'ailleurs, cette dépense, qui n'est qu'un moyen mis dans la main des intrigans de tromper le directoire et de dilapider le trésor public ? Est-ce sur-tout après que l'on a à gémir des infidélités commises dans presque toutes les parties du service, qu'il faut s'exposer encore à de nouvelles infidélités, et sur-tout à des exactions, à des monopoles qui révoltent

---

(1) Il serait enjoint, en effet, à tous les citoyens de faire fabriquer leurs mesures, sous peine d'amende contre ceux qui ne le feraient pas.

et révolteront toujours des républicains de caractere?

Quoi! par exemple, la commission a pu méconnaître les principes au point d'avancer que l'intérêt individuel *ne s'exposera jamais aux chances qu'il aurait à courir, en s'emparant, à son propre compte, de la fabrication des nouvelles mesures?* Où en serions-nous donc, s'il fallait que le peuple méconnût encore la voix de ses législateurs, et se révoltât contre ce qu'ils auraient ordonnés? Nous serions donc bien reculés en arriere, puisque le peuple ne serait encore qu'une horde d'insoumis, qui voudrait faire lui-même la loi, au lieu de la recevoir, comme l'exige sa constitution?

Mais heureusement que nous avons la preuve acquise du contraire, et qu'excepté les petites façons de certains hommes qui ne se rendent jamais de bonne grace aux choses les plus justes, la masse du peuple est entierement disposée à obéir; heureusement que tout nous démontre que *par-tout où il y a espérance de vendre il y a desir d'établir;* heureusement enfin que l'industrie, loin de redouter les *chances des entreprises,* sait au contraire les braver; témoin moi-même, qui ai osé employer toute ma fortune à la publication de mes ouvrages, nonobstant qu'on me criât de toutes parts que je me ruinais en pure perte, attendu que les nouvelles mesures n'auraient jamais lieu.

La commission a donc le plus grand tort de regarder les tentatives infructueuses faites depuis cinq ans, comme des témoignages d'insuccès, puisque l'industrie est toujours agissante de sa nature, et qu'elle est plus prompte à se forger des gains chimériques qu'à prévenir des pertes réelles. Voyez la preuve de cela dans les mauvais ouvrages de typographie qui paraissent journellement, et qui certainement ne verraient pas le jour si les auteurs et éditeurs ne se flattaient pas toujours d'un succès quelconque. Ah! sans doute le spéculateur se flatte toujours; et avancer ce que la commission vient de dire touchant l'intérêt personnel, serait le discours le plus séditieux, le plus anarchiste, si ce n'étaient heureusement les derniers soupirs d'un homme probe et honnête d'ailleurs, et même très-excellent républicain; mais qui, ne pouvant absolument se résoudre à convenir des erreurs de son magnifique plan, préfere le voir balotté dans l'opinion, au souverain plaisir qu'il aurait goûté lui-même si, écoutant sur cela, non le C^en. Aubry, mais l'opinion de tous les temps et de tous les siècles, il se fût bien pénétré que *des édits, des loix et des décrets ne rendent pas le peuple savant,* et qu'au contraire ce n'est qu'en lui rendant l'exécution des loix infiniment facile, que l'on peut être assuré de sa pleine et entiere obéissance.

Sur le surplus, et particulierement sur le déplacement du *gramme,* que je propose de rétablir sous le nom de *grave,* je renvoie à tout ce que j'ai précédemment écrit sur cette matiere, et notamment à mon ouvrage intitulé: le *Systéme des nouvelles mesures mis à la portée de tout le monde,* ainsi qu'à ma lettre à *Prieur de la Côte-d'or,* faisant partie de cet ouvrage, et à mon *Instruction élémentaire sur la maniere d'apprendre le nouveau systême des mesures par une lecture de quelques minutes.* On verra dans tous ces ouvrages qu'il était difficile d'appuyer sur de meilleures raisons tout ce que j'ai dit sur cette matière, et qu'à moins de soutenir que le peuple est fait pour parler *hébreu* quand on le lui ordonne, il n'y a rien de plus capable de le rebuter, que de l'obliger à tenir un langage au-dessus de son intelligence, et que c'est même vouloir de gaieté de cœur l'avilissement de la loi, que de l'exposer aux railleries des méchans et aux sarcasmes des mal intentionnés.

De l'Imprimerie de PELLIER, rue des Carmes.

AU DIRECTOIRE EXÉCUTIF.

CITOYENS DIRECTEURS,

Je l'ai dit au corps législatif; au moyen des additions considérables que je viens de faire à l'instruction qui accompagne mon Comparateur, et dont on est libre d'élaguer tout ce qui n'est pas relatif à la transformation des anciennes mesures en nouvelles, je réponds *qu'avant trois mois*, etc.

Qu'il est donc malheureux qu'il faille conquérir une *vérité mathématique* comme on conquierre une ville, une province, un empire!

Ah! sans doute s'il est quelque chose qui doive étonner; c'est que l'on soit parvenu à persuader à des hommes infiniment éclairés, que SOIXANTE-DOUZE MOTS sont plus aisés à retenir que CINQ, et qu'il vaut mieux débourser *DIX MILLIONS* pour faire fabriquer des mesures par des privilégiés, que d'abandonner tout naturellement ce travail aux spéculations du commerce, et de laisser faire des poids et des mesures, comme on laisse faire des moulins, des charrues, du clou.

Il est vrai que quand on a des occupations aussi multipliées que les vôtres, citoyens directeurs, il est bien difficile de tout voir par soi-même, et de discerner dans la grande masse des contendans ceux qui ont tort ou raison; mais par quelle fatalité aussi l'expérience des siecles est-elle toujours perdue pour chaque génération, et pourquoi faut-il absolument qu'elles recommencent toutes leur apprentissage?

L'opinion n'a-t-elle pas été de tout temps le premier guide des sages? oui; et il n'est plus permis d'en douter pour moi, quand à la suite d'un débit assez rapide de mes ouvrages, je reçois des lettres de la nature de celle-ci.

F. VISCONTI, ambassadeur de la Rép. Cisalpine, au citoyen Aubry, géometre.

« Le directoire de la république cisalpine, citoyen, a reçu « vos ouvrages; il me charge de vous en témoigner sa recon-

« naissance, et en admirant vos talens, il souhaite que vos ins-
« titutions soient bientôt aussi répandues que la gloire des
« armées françaises.

« Permettez-moi , citoyen , en mon particulier , de vous.
« assurer de mon estime et admiration.

                    « Salut et fraternité. VISCONTI. »

Ma modestie souffre, comme vous le croyez bien,
citoyens directeurs, d'être obligé de vous transcrire
cette lettre ; mais pourquoi mes adversaires m'ont-ils
forcé de la rendre publique ? Que ne m'accordaient-ils
ce que je leur demandais ? Ils auraient vu que ce
n'était ni leurs places que je briguais, ni leurs talens
que j'enviais, ni leurs éloges que je sollicitais ; mais
bien des conférences utiles qui auraient tourné au
profit de l'institution des mesures, et qui en auraient
facilité l'exécution.

Ne croyez cependant pas, citoyens directeurs, que
je veuille montrer ici aucun ressentiment, j'ai tout oublié ; c'est vous dire que ma seule vengeance se bornera
à leur égard à mieux faire encore à l'avenir, si je
puis, et à mériter, par mes continuels efforts, l'honorable estime que l'on vous voit toujours accorder à
ceux qui servent avec zele leur patrie, et qui en font
leur plus constante comme leur plus douce occupation.

        Salut et respect.

                    AUBRY.

www.ingramcontent.com/pod-product-compliance
Lightning Source LLC
Chambersburg PA
CBHW070815210326
41520CB00011B/1968